又好看又好玩

大师数学课

逻辑与规律

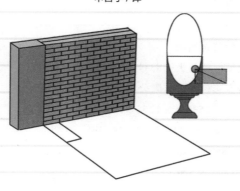

［苏］别莱利曼 / 著

申哲宇 / 译

北京联合出版公司

Beijing United Publishing Co.,Ltd.

图书在版编目（CIP）数据

逻辑与规律 /（苏）别莱利曼著；申哲宇译. —— 北京：北京联合出版公司，2024.7

（又好看又好玩的大师数学课）

ISBN 978-7-5596-7656-6

Ⅰ．①逻… Ⅱ．①别… ②申… Ⅲ．①数学—青少年读物 Ⅳ．①O1-49

中国国家版本馆CIP数据核字（2024）第105286号

又好看又好玩的 大师数学课 逻辑与规律

YOU HAOKAN YOU HAOWAN DE DASHI SHUXUEKE   LUOJI YU GUILÜ

作　　者：[苏]别莱利曼

译　　者：申哲宇

出 品 人：赵红仕

责任编辑：高霁月

封面设计：赵天飞

北京联合出版公司出版

（北京市西城区德外大街83号楼9层　100088）

河北佳创奇点彩色印刷有限公司印刷　新华书店经销

字数300千字　875毫米×1255毫米　1/32　15印张

2024年7月第1版　2024年7月第1次印刷

ISBN 978-7-5596-7656-6

定价：98.00元（全5册）

CONTENTS
目 录

01. 剪刀和纸 / 1

02. 硬币游戏 / 11

03. 早餐谜题 / 24

04. 走迷宫 / 29

05. 这能做到吗 / 41

06. 茶具游戏 / 44

07. 绳扣游戏 / 47

08. 她们是如何上当的 / 49

09. 猜猜多米诺骨牌 / 51

10. 骨牌数列 / 56

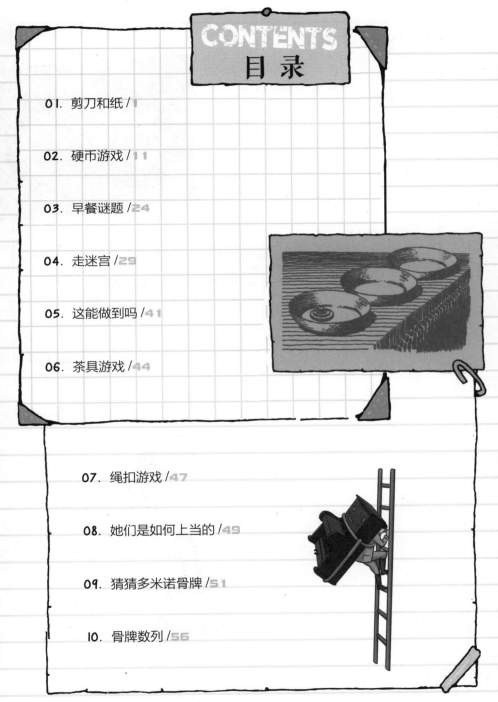

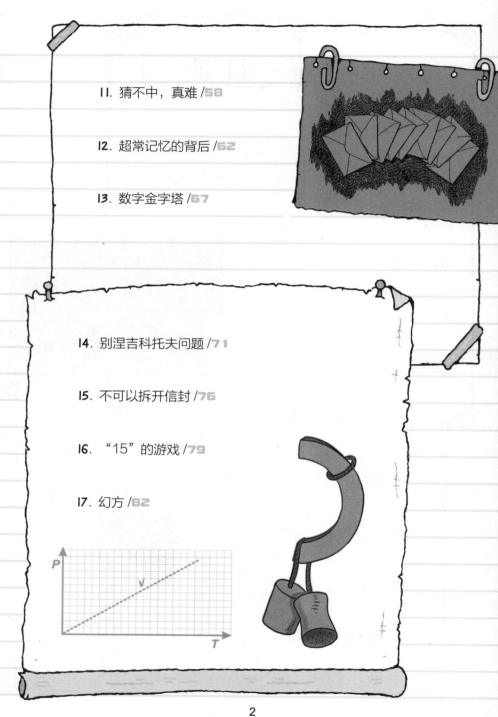

11. 猜不中，真难 /58

12. 超常记忆的背后 /62

13. 数字金字塔 /67

14. 别涅吉科托夫问题 /71

15. 不可以拆开信封 /76

16. "15" 的游戏 /79

17. 幻方 /82

剪刀和纸

在一间刚装修过的屋子里，我看见有个角落堆放着一些旧明信片和一沓从墙纸上裁下来的窄纸条。我想可以用它们来烧炉子，但我从未想过，它们并非毫无用处，起码可以拿来娱乐。哥哥就用这样的材料带我玩了许多有趣且益智的游戏。

哥哥是从用纸条做游戏开始的。他递给我一张大约有三只手掌那么长的纸条，并对我说："用剪刀将它剪成三段。"

我拿着剪刀正要剪，被他叫住了："等一下，听我把话说完。你要一剪刀将这张纸条剪成三段。"

这可真有点儿难度。我尝试了各种剪法，越发确信这是一道无解的难题。

"你可真会开玩笑，这怎么可能办到呢？"我说。

"你还是静下心来好好思考一下吧，这是能做到的，你应该可以完成。"

"我已经想过了，这道题根本就无解。"

"你是没想到。把剪刀给我。"

哥哥接过我手中的纸条和剪刀，先将纸条对折，然后将其从中间剪开（图1）。接着，他将纸条展开，正好是三段。

<图1>

"你看，能做到吧？"

"是能做到，可你把纸条折叠起来了呀！"

"我没说不可以把纸条折叠起来呀。"

"但你没告诉我可以这样做啊！"

"我没告诉你不等于你不能去做呀。你还是承认自己不会动脑子吧！"

"你再出一道题考我吧。这次我肯定能想出来。"

"那好，我这儿还有一张纸条，请你想办法让它侧立在桌面上。"

"侧立在桌面上？"我想了一下，忽然意识到纸条能

被折叠起来。于是，我将纸条对折出一个角，这下它就能侧立在桌面上了（图2）。

"不错！"哥哥夸赞道。

"再来一题吧！"

"好的。你看，我将那几张纸条粘连在一起，得到一个纸环（图3）。你去找一支一头为红色、另一头为蓝色的铅笔，然后沿着环状纸的外侧画一条蓝线，再沿着环状纸的内侧画一条红线。"

"然后呢？"

"你做好这一点就可以了。"

这有什么难的！可我硬是没有完成这道题！当我将蓝

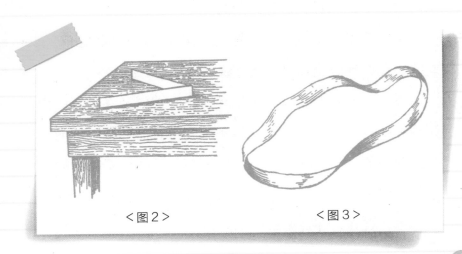

<图2>　　　　　　　<图3>

"嘿，难道你会变魔术吗？"我问道。

"纸环被我施了魔法，它可不是普通的纸环。下面，你用这些纸环做点别的事情吧，比如将其中一个纸环做成两个更细的纸环。"

"这个容易！"

我急切地将纸环剪开，然后便准备将两个细纸环展示给哥哥看，但我发现我手里拿着的是一个拉长的纸环，根本不是两个细纸环。

"嘿，你制作的两个细纸环去哪儿啦？"哥哥不无揶揄地问道。

"再让我剪一次行吗？"

"你就是再剪一次，还是同样的结果。"

我不服，就又剪了一次。这一次，我的确剪出了两个纸环，但它们紧贴在一起，我无法将它们分离。这下我开始怀疑纸环真的被哥哥施了魔法。

"其实，魔法的奥秘很简单，那就是把纸条连起来前把它们的一头拧一圈（图4）。"

"这就是魔法的奥秘？"

"对啊，我就是在普通的环状纸上画线条的。不过，我

<图4>   <图5>

如果不是将纸条的一头拧一圈，而是拧上两圈，结局会更有趣。"

哥哥按照他说的又制作了一个纸环，并交给了我。

"你剪一下，看看会得到什么结果。"哥哥说。

我按照哥哥的方法去剪，果然得到了两个纸环，而且它们是套在一起的（图5），真是太好玩了！

接下来我又制作了三个这样的纸环，并且将它们裁剪成了三对不可拆的纸环。

"如果让你将这四对纸环连接起来，你会做吗？"哥哥问道。

"哦，这个不难。先将每对纸环中的一个剪断，再用它和其他的纸环串联，最后用胶水粘好就行了。"

"看来你是打算将三个纸环都剪断呀？"

"没错。"我答道。

"需要剪断的纸环少于三个就不行吗？"

"当然不行了。要知道，我们一共有四对纸环。如果只剪断其中两个纸环的话，怎么把它们串联起来呢？"

哥哥没说话，他从我手里拿过剪刀，将一对纸环全剪开，然后用这两个纸环将剩下的三对纸环串联起来，就得到了由8个纸环组成的一串纸环。哥哥用的方法太出人意料了！

"纸条的游戏我们玩了好几个了。你手里不是还有很多明信片嘛，下面我们就用明信片来变魔法吧。你可以尝试着在一张明信片上剪出一个最大的框。"

<图6>

我拿起剪刀，先将明信片扎穿，然后沿着它的四条边剪出了一个四边形的框，只留下窄窄的边缘（图6）。

"这是我用这张明

信片剪出来的最大的框，不可能剪出比这还大的框了！"
我得意地举着自己的劳动成果给哥哥看。

可是哥哥并不以为然："这个框怎么能算得上大呢？
顶多只能伸进去一只胳膊而已。"

"难道你还想将你的脑袋都放进去吗？"我挖苦道。

"那样也不算大，我是希望我能从你剪出的框钻过
去，那样的框才符合我的要求。"

"你说什么？！用一张明信片剪出比它本身还要大的

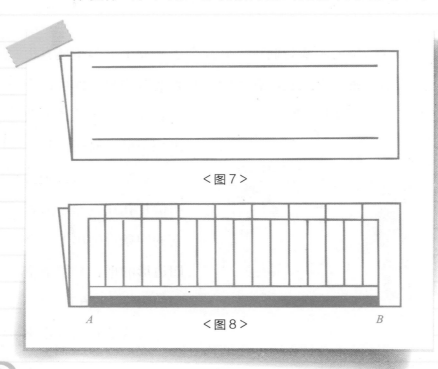

< 图 7 >

< 图 8 >

<图9>

框来？"

　　"没错。这个框要比这张明信片大很多倍。"

　　"别吹牛了！那种事情根本不可能实现！"

　　哥哥不屑地瞅了我一眼，然后就开始行动了。他先将明信片对折，用铅笔在两个长边上下各画一条直线（图7）。接下来，他从A点向上剪一刀，直至剪到上面的线，再到旁边从上向下剪一刀，剪到下面的那条线。就这样，哥哥不断地上下裁剪，直至剪到B点（图8）。然后，他又把A点和B点之间的纸的底边（图8中的阴影部分）剪掉。最后，哥哥把剪完的明信片拉了拉，一个长长的环状纸就出现在我们眼前（图9）。

　　"好了。"哥哥大声说道。

　　"可是我没看到什么大框啊。"

<图 10>

<图 11>

"那请你仔细看看吧。"

哥哥把明信片抖开。瞬间，我看到一个长长的纸链（图10）。哥哥得意地将纸链套在我的脑袋上，纸链顺着我的身体下滑掉落到地上。

"怎么样，我做出的框能让你从中钻过去吧？"

"太大了，可以让两个人一齐钻过去。"我惊叹道。

哥哥就此结束了用纸条和明信片做的游戏，他许诺说下次要带我用硬币做一个新游戏（图11）。

硬币游戏

"昨天你说要带我玩硬币游戏的。"吃早点时我提醒哥哥说。

"一大早就玩游戏啊？好吧，你去找一个空碗来。"

我马上找来一个空碗，哥哥随手往里面放了一枚硬币（图12）。

"现在往碗里瞧，不要移动位置，不要将身子往前倾。你能看得见硬币吗？"

"能看到。"

哥哥挪了一下碗，说："现在还能看得见硬币吗？"

"现在只能看见硬币的边缘。"

哥哥又去挪动碗，直到我完全看不到那枚硬币，他才停下来。

"现在你坐好了，

<图 12>

<图 13>

别乱动。我往碗里加一点水。你再看看，这下硬币有变化没？"

"哦，我又能看见整枚硬币了（图13）！它好像和碗底一起向上浮动了一些。"

　　哥哥拿起笔，在纸上画了一个装有硬币的碗的示意图（图14）。我一下子明白怎么回事了。硬币在没有水的碗底时，它反射的任何一道光线都进入不了我的视线，因为光线是沿着直线传播的，而不透明的碗壁又恰好挡在硬币和我的眼睛之间。可是哥哥往碗里加了水之后，情况就不同了，硬币反射出来的光线从水中进入空气中时，运行轨迹发生了改变（专业术语叫折射），之后越过碗沿进入人的眼睛。我们如果只是按照光线沿着直线传播的原理来解释这种现象，就会认为硬币的位置升高了。而实际上我们是从光线转弯后的位置朝它发生折射前的位置看过去的，因此我们便会觉得碗底和硬币都往上移动了一些。

"你游泳时这个实验也是适用的，"哥哥接着说，"以后，你在能看见水底的浅水处游泳时，一定要记得，你所看见的水底比真实的水底要深，大约高出整个水深的四分之一。假设水的实际深度为1米，那么我们感觉它只有75厘米深。一些孩子在游泳时遭遇不幸，正是由于他们错误地估算了水的深度。"

"我观察到这样一个现象，那就是我们划着小船在可以看见水底的地方游玩时，会觉得小船的正下方就是深水区，而周围的水域似乎要浅很多。但我们把船划到别的地方时，又会觉得船底的水是最深的，周围的水位都很浅。这是为什么呢？"

"其实这个问题不难理解。人们所看到的从深水处反射出的光线都是垂直的，跟其他地方的光线相比，转弯的角度要小。所以，跟发出倾斜光

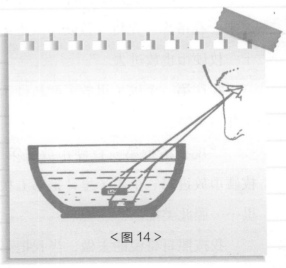

<图14>

线的地方的水底相比，发出垂直光线的地方的水底会让人觉得往水面移动的位置要小很多。由此也就给人们造成了一种错觉，那就是水深处正好在船底下方，但事实上所有的水域差不多一样深……好了，下面我给你出道题：请将11枚硬币放进10个碟子里，要求每个碟子里只能放一枚硬币。"

"这是物理实验题吗？"

"不是，只是一道心理测试题。你快开始做吧。"

"把11枚硬币放到10个碟子里，并且每个碟子里只允许放一枚硬币……这怎么可能？我做不到。"我直接认输。

"你都没试怎么就断定自己不行呢？"哥哥说，"来，我帮你。先将一枚硬币放进第一个碟子里，并把第十一枚硬币也放进去。"

我往第一个碟子里放了两枚硬币，很好奇接下来会发生什么事情。

"现在请把第三枚硬币放进第二个碟子里，把第四枚硬币放进第三个碟子里，把第五枚硬币放进第四个碟子里……照此类推。"

我按照哥哥说的去做，当我把第十枚硬币放进第九个碟子后，猛然发现还空着一个碟子。

"现在我们把第十一枚硬币从第一个碟子里拿出来，放进这个空碟子里吧。"

现在11枚硬币被放进了10个碟子里，而且每个碟子里都只有一枚硬币。真是让人难以置信！

哥哥将碟子和硬币收拾好，并没有打算告诉我其中的奥秘。

"你自己好好琢磨一下吧，这比我直接告诉你答案更有趣，而且有助于培养你独立思考的能力。"

接下来，哥哥又给我出了一道题："这里有6枚硬币，请把它们排成3排，要求每排有3枚硬币。"

"这需要9枚硬币才能摆出来。"我说。

"用9枚硬币的话谁都能摆出来。我现在要求你用6枚硬币去摆。"

"你是在拿我开玩笑吧？"

"你总是轻言放弃！来，你看好了，我来摆。"

哥哥很快就按照图15和图16的方式把所有的硬币都摆好了。

"你看看，这样排正好有三排，而且每排都有三枚硬

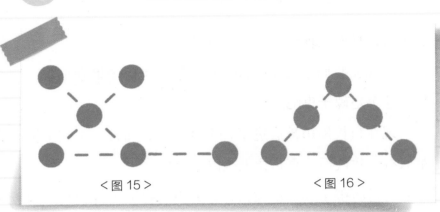

<图 15>   <图 16>

币。"哥哥边摆边对我说。

"可是这三排不是互相交叉了吗？"我质问道。

"交叉怎么了？我可没规定它们不能交叉呀！"

"我要是知道可以这样摆的话，肯定也能摆出来。"
我不服气地说道。

"那好，这道题还可以用别的方法解决，你空闲时
再琢磨一下吧。现在，我给你布置三道类似的题：第一，
把9枚硬币摆成10排，每排3枚；第二，把10枚硬币摆成5
排，每排4枚；第三，我画了一个大正方形，它是由36个
小正方形组成的（图17），你需要把18枚硬币放进小正方
形中，每一行和每一列都要求有3枚硬币。你可以一会儿
来做这三道题，我们现在再来做一个小游戏。"

说完，哥哥摆出了三个碟子，并在第一个碟子里放

了一把硬币（图18）：最下面的是1卢布，上面依次压着的是50戈比、20戈比、15戈比、10戈比。

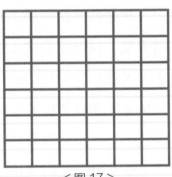

＜图17＞

"现在需要按照以下的规则将这些硬币转移到第三个碟子中。规则一，每次只能移动一枚硬币；规则二，面值小的硬币要放在面值大的硬币上面；规则三，在遵循前两个规则的前提下，可临时把硬币放进第二个碟子中。游戏结束后所有的硬币都要放在第三个碟子中，并且要按照它们在第一个碟子中的次序摆好。这些规则并不复杂，现在你就开始做吧。"

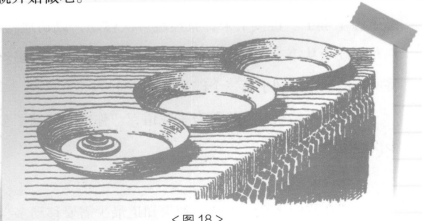

＜图18＞

我赶忙开始搬硬币。我先把10戈比的硬币放进第三个碟子里，15戈比的硬币放进第二个碟子里，接下来我感到非常困惑：20戈比的硬币应该被放到哪儿呢？它的面值可比10戈比和15戈比的都要大。

　　"怎么了？"哥哥走了过来，"你可以先把10戈比的硬币放在15戈比的硬币上面，然后把20戈比的硬币放在第三个碟子里。"

　　我照着哥哥的指点去做了，可接下来又出现了一个问题：50戈比的硬币应该被放到哪里呢？不过，我很快就知道该怎么做了。我先把10戈比的硬币放进第一个碟子里，15戈比的硬币放进第三个碟子里，然后把10戈比的硬币也放进第三个碟子里。这样我就可以把50戈比的硬币放进第二个碟子里了。再接下来，我经过多次移动，成功地将1卢布的硬币从第一个碟子里移到了第三个碟子里，并最终将所有的硬币移到了第三个碟子里。

　　"哟，不错啊！"哥哥夸赞我道，"你一共移动了多少次呢？"

　　"我没有数。"

　　"现在我们来算一下吧。如果知道最少需要移动多少次就能完成游戏要求，那将是件很有趣的事。假设硬币的数目不是5枚，而是2枚，面值分别是15戈比和10戈比，那么需要移动几次呢？"

"那样的话移动3次就可以了。第一步，把10戈比的硬币放在第二个碟子里；第二步，把15戈比的硬币放在第三个碟子里；第三，把第二个碟子里10戈比的硬币放进第三个碟子里。"

"没错！现在，我再给你一枚20戈比的硬币。你知道这次需要移动多少次吗？我们可以把面值较小的两枚硬币移到第二个碟子里，你很清楚这需要移动几次。3次，对吧？接下来把20戈比的硬币移动到第三个碟子里——移动一次即可达到目的。最后再把第二个碟子中的两枚硬币移到第三个碟子里——一共需要移动3次。所以，一共移动了 $3 + 1 + 3 = 7$ 次。"

"我来算算移动四枚硬币需要多少次吧。第一步，先把面值较小的3枚硬币移到第二个碟子里——需要移动7次；第二步，将50戈比的硬币移到第三个碟子里——移动一次即可；第三步，将第二个碟子里面值较小的3枚硬币移到第三个碟子里——需要移动7次。一共需要移动 $7 + 1$

+ 7 = 15次。"

"完全正确！如果移动5枚硬币，需要移动多少次呢？"

"需要15 + 1 + 15 = 31次。"

"不错，看来你已经掌握该类题的计算方法了。但我想告诉你一种更简便的算法。你看，以上运算得到的结果分别是3，7，15，31"，这些数字都是把2做两次或多次乘法运算后再减1。"

说着，哥哥写了几个算式：

$3 = 2 \times 2 - 1$

$7 = 2 \times 2 \times 2 - 1$

$15 = 2 \times 2 \times 2 \times 2 - 1$

$31 = 2 \times 2 \times 2 \times 2 \times 2 - 1$

"我看出门道了，需要移动几枚硬币，就用几个2相乘，然后再减去1。这下我能算出移动由任意数目组成的硬币所需的最少次数了。假如有7枚硬币，那么需要移动$2 \times 2 \times 2 \times 2 \times 2 \times 2 \times 2 - 1 = 128 - 1 = 127$次。"

"看来你已经掌握这个古老游戏的秘诀了。但有一条规则你需要记住，那就是当硬币的数目为奇数时，你需要把第一枚硬币移到第三个碟子里；当硬币的数目为偶数时，你需要把第一枚硬币移到第二个碟子里。"

"哦，好的。对了，你刚才说这是个古老的游戏，也就是说这个游戏不是你想出来的？"

"当然不是我想出来的，我只是把它应用到硬币上了而已。游戏可能源自古印度的一个传说。相传，巴纳拉斯城有个寺院，印度婆罗门教的神在那个寺院里创造世界时制作了3根镶有钻石的木棍，并在其中的一根上套了64个大小不一的金环。寺院的祭司需要把金环移到另一根木棍上，在这个过程中他需要借助于第三根木棍。而且，他发现要想顺利移动金环，需要遵循我们刚才玩的那个游戏的规则，即每次只能移动一个金环，而且不能将大金环套到小金环上。祭司日夜不停地转移这些金环，据说当64个金环被转移后，世界末日也就来了。"

"还好，还好，这只是个传说。要是真的，我们所生存的这个世界早就毁灭了！"

"看来你认为转移64个金环用不了多长时间啊。"

"是的。假如每秒钟转移一个金环，那么一个小时不就可以转移3600次吗？"

"这又能怎样呢？"

"一昼夜差不多可以转移100000次，十天就能转移1000000次。这1000000次别说转移64个金环了，就算转移1000个金环也不在话下！"

"不，转移64个金环至少要耗费500000000000年！"

"怎么会需要这么多年！你是怎么算的？需要转移的次数就是64个2相乘，最终的结果是……"

"是1844亿亿多啊！"

"等等，我这里有计算器，我来计算一下。"

"行，那你算吧，我正好可以干点我自己的事。"

哥哥说完就走开了，我一个人坐在那里埋头苦算。我先把16个2连乘，得出65536，再求出这个数值的二次方，然后再求所得结果的二次方。虽然计算起来枯燥乏味，但我很有耐心，得出的最终结果是18446744073709551616。

这个结果证明哥哥是对的。

接下来，我开始做哥哥给我布置的其他题目。这些题都说不上复杂，有的甚至非常容易。比如把11枚硬币放到10个碟子里的题目，可以说太简单了。我按照哥哥的指点，将第一枚硬币和第十一枚硬币都放在了第一个碟子

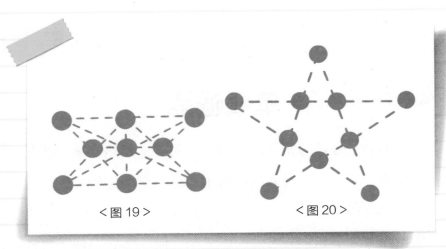

<图 19 >　　　　　　　　<图 20 >

里，然后把第三枚硬币放在第二个碟子里……照此类推。可是第二枚硬币去哪里了呢？我们并没有摆放它呀！这就是这道题的奥秘所在。而至于解决硬币的摆放问题，看一下图19和图20你就明白了。

最后，关于把硬币放到每个小正方形里的那道题，我制作了结果图（图21），这样就能保证往大正方形里放18枚硬币，而且每一行和每一列都有3枚硬币。

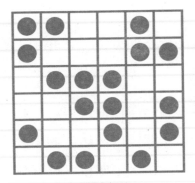

<图 21 >

早餐谜题

　　早上，哥哥的朋友和我们一起用餐。忽然，这位朋友开口道："昨天，有人给我出了一道很有意思的题目。题目说，准备好一张纸，然后用剪刀在这张纸上剪一个洞出来，洞的大小和10戈比的硬币大小等同，然后，你需要将一枚50戈比的硬币从这个洞中穿过去。这个人信誓旦旦地表示，这个游戏是可以成功实现的。"

　　"那我们就来看看他说得对不对吧！"说着，哥哥拿出了他的笔记本，似乎在翻找什么数据，之后他又算了一遍。最终，哥哥说："他说得没错，这个游戏的确可以成功实现。"

　　"什么？可以实现？"哥哥的这个朋友说，"我不太明白这该怎么做。"

　　"我好像明白了。"我灵机一动，连忙插嘴道，"我们可以这么做：首先，将一枚10戈比的硬币从这个洞里穿过去，然后再分别穿过第二枚、第三枚、第四枚、第五枚

10戈比硬币。这不就是让50戈比的硬币穿过只有10戈比硬币大小的洞了吗？"

"不是总计50戈比，而是将一枚50戈比的硬币从这个洞里穿过去。"哥哥及时纠正了我的错误。

<图22>

然后，哥哥从口袋里掏出了两枚硬币：分别是10戈比和50戈比。接着，他将10戈比的硬币放在纸上，用铅笔将它的轮廓勾勒出一个圆圈（图22），最后又用削笔的剪刀将这个圆圈剪了出来。

"弄好了。"哥哥说，"我们现在要做的就是将这枚50戈比的硬币从这个圆洞里穿过去。"

我和哥哥的朋友略带疑惑地看着哥哥开始操作的手。只见哥哥先将带圆洞的纸片折叠起来，经过一番调整后，圆形的洞就变成了一条细细长长的狭缝。你们能想象到吧？当我们看着哥哥轻轻松松地将50戈比的硬币从这个狭

<figcaption><图23></figcaption>

缝里穿过去时（图23），我们有多么惊讶啊！

"天啊！"哥哥的朋友说，"虽然我目睹了整个过程，可我还是想不明白。你在纸上剪出来的这个圆洞只有10戈比硬币的大小，它的周长明显要比50戈比硬币的周长小啊。"

"别急，我一说你就会明白了。"哥哥笑着说，"据我所知，一枚10戈比硬币的直径大约为$17\frac{1}{3}$毫米，那么这个圆洞的周长约为它直径的$3\frac{1}{7}$倍，△也就是说，这个圆洞的周长超过了54毫米。你们看我刚才折叠的，然后再想一想，我折成的这个狭缝，长度为多少呢？基本是周长的一半，所以这个狭缝的长度会比27毫米长一些。你们知道

> 1　这里用到了圆的周长公式：$C = 2\pi r = \pi d$。d就是圆的直径。$\pi \approx 3.14 \approx 3\frac{1}{7}$。
>
> ——译者注

吧？50戈比硬币的直径是不到27毫米的，所以将一枚50戈比的硬币穿过这个圆洞是毫无悬念的。当然啦，硬币是有厚度的，这的确也是需要考虑的一点。但是，你们想一想啊，我一开始用笔在纸上勾勒这个10戈比硬币的轮廓时，也是因为硬币的厚度，我画出来的圆圈周长不可避免地会大于硬币本身的周长。因此，在这里，硬币的厚度产生的误差基本是可以忽略不计的。"

"原来是这么回事。"哥哥的朋友开心地说，"我总算搞明白了。如果我用一根线将一枚50戈比的硬币绑成活线套紧箍起来，之后又将活线套固定成一个线圈。那么，这枚50戈比的硬币虽然能够从活线套穿过去，却不见得能从固定的线圈穿过去（图24）。"

"你好像熟悉所有硬币的尺寸。"我对哥哥说，"真是太厉害了。"

"也不是。"哥哥说，"我只记住了其中很容易记住的。其他的我就都记在了笔记本上。"

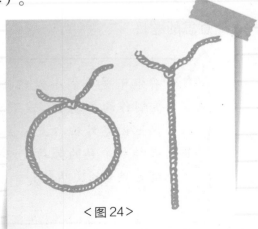

<图24>

27

"有容易记住的吗？我觉得都挺难的。"

"你得找窍门。比如，3枚50戈比的硬币并排摆好，它们的长度是8厘米。这样是不是就好记了？"

"是啊！"哥哥的朋友说，"我怎么就想不到呢？要是掌握了这个方法，硬币都可以用来当测量工具使用了。要是像鲁滨逊¹那样的人，他从口袋里摸出一枚50戈比的硬币，那这用处可就大了。"

"是的。"哥哥说，"法国著名小说家儒勒·凡尔纳曾创作了一部小说，里面的主人公就拿硬币进行过测量。因为法国的硬币大小和度量工具米尺之间存在着一定的比例关系。好了，我们的题目结束了，我们的早餐也该结束了。如果你们对这些问题感兴趣，之后我再给你们出些有意思的题目。"

1　鲁滨逊是英国小说家丹尼尔·笛福（1660—1731）创作的长篇小说《鲁滨逊漂流记》中的主人公。他因意外独自流落荒岛，之后凭借顽强不屈的精神和辛勤的劳动，以一己之力将一个荒芜之地变成微型的文明社会。

——译者注

走迷宫

"你拿着书在那里傻笑什么？是看到好笑的故事了吗？"哥哥问道。

"杰罗姆的《三怪客泛舟记》 ⚠ 太有意思了。"

"是的，那是一本好书。你读到哪里了？"

"我读到一群人在花园迷宫里迷路了，怎么都走不出去。"

"这部分内容确实很有意思！你愿意念给我听吗？"

我于是大声朗读起书里的情节来：

哈里斯问我是否去过汉普顿迷宫。他曾去过那里。他深入研究过迷宫的地图，认为里面构造简单，没必要花钱去玩。这次他去迷宫是为了给朋友当导游。

⚠ 1　《三怪客泛舟记》是英国作家杰罗姆创作的一部幽默小说。

——译者注

"如果你想去迷宫看看的话，我可以陪你走一遭。"哈里斯对朋友说，"不过里面并不好玩。我一直搞不明白为什么别人称其为迷宫。你在里面遇到拐弯处时，总是选择往右拐就可以了。只需10分钟，我们就能逛完迷宫。"

他们进入迷宫后发现人多极了。有些人说，他们已经逛了一个小时了，现在迫切地想离开迷宫。哈里斯告诉那些人，如果他们乐意的话，可以跟着他出去，并且说自己和朋友虽然才进入迷宫，但转上一圈就会出去。那些人都很乐意跟着哈里斯走。

一路上又有不少人加入了他们的队伍，后来迷宫里所有的人都跟着哈里斯走。有些人之前曾担心走不出迷宫，再也见不到家人和朋友，但见到哈里斯后他们重新燃起了希望。哈里斯说当时队伍中至少有20人，其中有一位抱小孩的妇人，她已经在迷宫中困了一上午，遇到哈里斯后紧紧地抓着他的胳膊，生怕他突然消失了。哈里斯坚持遇到拐弯处就往右拐，但是路似乎越走越长了。后来他只能告诉朋友："这个迷宫太大了，堪称全欧洲最大的迷宫。"

"应该是，"他的朋友说，"咱们走了两里了吧？"

哈里斯也开始怀疑怎么还没有走出去，但他还得故作坚定地继续向前。走了一会儿，大家发现地上有一块蛋糕。哈里斯的朋友说，7分钟前他曾看见过这块蛋糕。

"不可能！你肯定看错了！"哈里斯反驳道。

那个抱小孩的妇人淡定地说："你的朋友并没有说错，因为这块蛋糕是我遇见你之前扔在这里的。"那个女人还说哈里斯是个骗子，还放话道："我真希望没有遇见你。"哈里斯气愤不已，连忙拿出地图，想向大家证明自己所选择的路线并没有错。

"你连我们现在身处何地都不知道，拿地图有用吗？"其中有个人质疑道。

哈里斯确实不清楚他们现在身处何地，便鼓动大家回到最开始出发的地方，然后再按照地图重新出发。大家虽然不愿意重新出发，但也都认为回到最开始出发的地方是最好的选择，于是再次跟着哈里斯向反方向行进。然而，10分钟后，他们再次来到了迷宫的中央。哈里斯本来打算哄骗大家说他是故意这样走

的，可当看到大家个个满面怒容时，只好解释说这次走错是个意外。

在目前这种情况下是绝对不能站在原地不动的，否则将永远留在这里了。现在大家都明白自己所处的位置，于是便认真研究起地图来。看地图后，他们觉得走出迷宫并不难，于是再次信心满满地出发了。

然而3分钟后，他们再次走到了迷宫的中央。

这下，没有人愿意跟随哈里斯了，因为不管他们怎样努力，最后的结局都是回到迷宫的中央。这样反复几次后，一些人决定待在原地，看着其他人绕了一圈又一圈后再次回到中央。哈里斯不甘心这样，再次拿出地图，这一举动彻底激怒了大家。

大家吵成一团，场面乱哄哄的，于是有人叫来了管理员。管理员爬上梯子，指挥大家怎样才能走出迷宫。可大家还是不明白到底该怎么走，管理员见状便喊道："你们先站在原地，我下来后带你们出去。"接着，管理员走下梯子，然后走向正在等待他的一群人。

管理员是一位新来的年轻人，并不熟悉这个迷宫，他进了迷宫后非但没有找到那群人，反倒连自已也彻底迷失了。那群人看见他绕着周围的墙跑来跑去，他也看见了大家，却始终走不到大家身边。1分钟后，他又回到了原地，还问大家为什么换了位置。其实，大家根本没有走动过。

见此情景，大家无可奈何，只好等待年老的管理员来带他们出去。

"那群人太不善于分析判断了吧！他们手里拿着地图竟然还会走不出去，太让人费解了！"读完故事，我感叹道。

"你认为找出路就那么容易吗？"

"当然了，他们不是有地图吗？"

"我突然想起来我有一张关于这个迷宫的地图。"说完，哥哥便去自己的书架上翻找起来。

"真的有这个迷宫吗？"

"当然了，这个汉普顿迷宫就位于伦敦附近，而且已经有几百年的历史了。⚠ 哦，我找到地图了。你看，就是这个'汉普顿迷宫平面图'（图25）。这个迷宫看起来不是很

> ⚠1 汉普顿迷宫建于1689年，是英国最古老的树篱迷宫。
> ——译者注

大，总面积只有1000平方米。"

哥哥翻开书，里面果然有一张不大的迷宫平面图。

"现在请你设想一下，如果你正站在迷宫的中央，想要走出去，你会选择哪条路线呢？你可以将一根火柴削尖了用来指路。"

我听从哥哥的建议，拿着火柴棒在迷宫的平面图上绕着弯，往出口的方向走。可我逐渐发现事情并没有那么简单。拿着火柴棒转了几圈之后，我就像被我嘲笑过的那群人一样来到了迷宫的中央！

"这是怎么回事？从地图上看，这个迷宫并不复杂，可谁知道它竟然这么令人捉摸不透……"

"其实有个很便捷的方法，只要知晓了这个方法，你

<图25>汉普顿迷宫平面图

就可以放心地走进任何一个迷宫，且不用担心被困其中。"

"你说的是什么神奇的方法啊？"

"很简单，就是你走进迷宫后，要么一直沿着右手边的墙往前走，要么一直沿着左手边的墙往前走，然后就能走出迷宫。"

"就这么简单？"

"对！你可以用这个方法在地图上转一圈试试。"

在好奇心的驱使下，我按照哥哥说的方法，拿着火柴棒出发了。太神奇了，很快我就来到了迷宫的中央，然后又成功地走到了出口。

"太棒了！"我感叹道。

"其实说不上太棒。"哥哥淡然地说，"这个方法只能让你在迷宫里不迷路，如果你想把迷宫中的所有道路都走上一遍，这个方法并不适用。"

"可是我刚才把所有的道路都走了呀。"

"你刚才并没有走完所有的道路，如果你用虚线把你走过的路画出来，就会发现有条小路你没有走。"

"怎么可能呢？哪条路我没有走呀？"

"我在地图上用五角星标出来了（图26）。看见了

<图26> 应该怎样走迷宫

吧，这就是你没有走过的路。我刚才给你说的那种方法虽然能让你走遍迷宫的大多数区域，并且能让你轻松走到出口，却无法让你走遍整个迷宫。"

"应该有很多这样的迷宫吧？"

"是的。现代人大多喜欢在花园或公园里修建迷宫，这种迷宫为大家提供了在户外高墙里漫步的机会。然而在古代，迷宫一般修建在雄伟的建筑物或者地下建筑里，这样做的目的很残忍，就是为了让那些被送进迷宫的人走不出去，从而丧命。相传，克里特岛上就有一个这样的迷宫，还是由米诺斯君王下令修建的。这个迷宫设计得非常复杂，就连其建造者代达罗斯都很难找到出口。"

罗马诗人奥维德曾这样描述这座建筑：

一流的建筑师代达罗斯建造了一座带有迷宫的伟大建筑。这座建筑里面尽是一道道纵横交错的走廊，其中有些走廊是直的，有些是蜿蜒曲折的。面对那么多悠长复杂的长廊，即便是最喜欢刨根问底的人也会被弄得晕头转向。代达罗斯在迷宫中修建了无数条道路，就连他自己也会常常迷失其中。

"古代还有一些迷宫，"哥哥又说道，"它们是被用来保护帝王的陵墓的。这种迷宫最初设计时会把帝王的陵墓置于迷宫中央（图27），这样一来就算盗墓贼找到了陵墓中的珍宝，也会被困于其中，从而成为帝王的陪葬者。"

"难道盗墓者不知道使用你所说的那种走出迷宫的方法吗？"

"可能有两种原因：第一，古人不知道这个方法；第二，就算他们知道这个方法也没用，因为就像刚才我和你说

<图27>古代花园迷宫之一

的，使用这个方法并不能让进入者走遍整个迷宫。因此，如果把珍宝藏在了迷宫中会被错过的小路里，盗墓者即便能够走出迷宫，也带不走珍宝。"

"那有没有根本就无法走出去的迷宫呢？当然，如果知道你所说的那种方法，肯定能从迷宫中走出去。可是如果将一帮人领到迷宫里，并且带着他们逛一圈……"

"古时候科技不发达，人们认为只要将迷宫设计得足够复杂，进去的人肯定找不到迷宫的出口。然而，事实并非如此。因为没有出口的迷宫根本无法修建，这一点可以利用数学知识来求证。另外，我们不但能从任何一个迷宫走出去，还能逛遍迷宫的所有角落。要想做到这一点也不是很难，你只要严格依照步骤去走，谨慎一些即可。几百年前，法国植物学家图内福尔曾去了克里特岛上的一个岩洞探险。关于这个岩洞，民间流传着这样一个传说：这个岩洞里有无数条道路，就像一个没有出口的迷宫。克里特岛上几乎到处都是这样的岩洞，或许正是这些岩洞才引起了关于米诺斯君王迷宫的传说。现在，我们继续来看这位植物学家吧。如果他不想迷路，该怎么办呢？关于这个问题，数学家卢卡斯在其作品中进行了阐述。"

说完，哥哥从书架上取下一本名为《趣味数学》的书，作者正是卢卡斯。哥哥翻开书，给我朗诵了这么一段：

在与一些探险者顺着曲折的地下走廊走了一段时间后，我们来到了一条长且宽的道路上，这条路通向迷宫远处的一个大厅。我们顺着这条路走了30分钟，总共走了1460步。这条道路两旁有很多长廊，如果不小心的话，很容易迷失。因为我们特别渴望走出迷宫，所以很留意返回的路线。

其一，我们安排了一位向导停在岩洞门口，并告诉他，如果天黑时我们还没有回来，他就得赶紧召集村里人来营救我们。其二，我们每个人手里都举着火把。其三，在我们认为会迷路的转弯处贴上带编号的纸条。其四，我们的一位向导在道路左边摆放了捆起来的树枝，另一位向导则边走边往路上扔剁碎的麦秸——他总是随时带着碎麦秸。

"这也太小心了吧！"哥哥读完后评价道，"不过他们那样做也无可厚非，毕竟当时关于迷宫的难题还没有被破解，他们也没有其他的办法。他们采用的这种古老的方法还是有效的，当然，现在我们研究出来的走出迷宫的方

法更简易，而且和他们的方法一样可靠。"

"那你知道这些方法吗？"

"当然！这些方法并不复杂，但有几点需要注意：

"第一，进入迷宫后，只要不是走进了死胡同，或者遇到交叉口，你就顺着道路一直往前走。如果不小心走进了死胡同，一定要赶快返回，并且要在死胡同的出口处做个标记，比如放两颗小石子，以此提醒自己这条道路已经走了两次。如果遇到交叉口，请选择任何一条路一直往前走，并在你走过的所有道路或者将要走的路上用小石子做标记。第二，如果再次走到了之前去过的交叉口（从路上的小石子即可看出这一点），而且是从你没有走过的路过来的，那么赶快折回，走到道路的尽头时记得放上两颗小石子。第三，如果你走到了之前去过的交叉口的一条路上，那你就再放一颗小石子做标记，然后选择你没有走过的道路往前走。如果交叉口处所有的道路你都走过了，那么就挑一条只有一颗石子的路（即只走过一次的路）。以上三条规则，只要你牢牢记住并能在实践中运用，你就能走遍迷宫里的每一条路，逛遍迷宫里的每一个角落，而且最后还能顺利走出来。"

这能做到吗

我想问你个问题：你能一笔画出带有两条对角线的正方形吗（图28）？

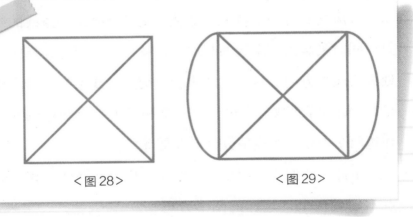

<图 28>　　　　　　　　<图 29>

我来告诉你吧，不管你从何处下笔，都不可能画出这样的图形。

不过，如果将这幅图画得稍微复杂一些，便能轻松地制作出这样的图（图29）。大家不妨试试，你会发现原本做不到的事情一下子变得很简单了。

但是，如果在图的上下部分再各画一条弧线（图

30），你就又无法做到一笔将该图画出来了。

你发现其中的奥秘了吗？怎样才能在画图之前就知道能否一笔将图形画出来呢？

好好琢磨琢磨的话，或许大家就能发现它们之间的区别了。现在，请大家认真研究一下这些图形，留意线条之间交叉或者相交的点。想要一笔画出图形的话，图中的交叉点应该具有一个特征，那就是交叉点既是一条线的终点，同时又是另一条线的起点。也就是说，画笔在那些点处需要改变方向。这也就意味着，交点处线条的数目应该是2、4、6等偶数。不过，第一个和最后一个交点例外，在这两个点相交的线条数目可以是奇数。

由此，我们不难得出如下结论：由奇数条线条相交的点不超过两个，这样的图形方可一笔画出，其余的顶点都有偶数条线条相交而成。

下面我们一起来看看上述的几幅图。在图28中，正方形的每个角都有3条相交线，这表明这种图是不能被一笔画出来的。在

＜图30＞

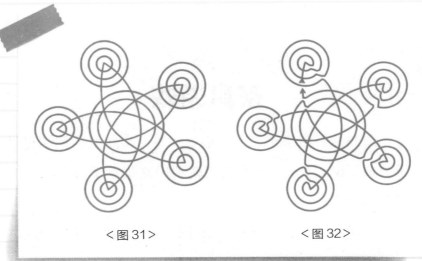

<图31>　　　　　　　　<图32>

图29中，每个顶点处相交的线条数目都是偶数，这表明它是可以被一笔画出来的。在图30中，有4个交点都是由5条线交叉而成的，这表明它也不能被一笔画出来。

掌握了这一点，大家就不需要通过尝试绘画来判断是否能一笔将图形画出来了。只要仔细观察图形，我们就能判断出哪些图形能被一笔画出来，哪些不能。

如果你已经很好地掌握了以上内容，那么请来判断一下图31能否被一笔画出。

很明显，这幅图能被一笔画出，因为图中的交叉点都是由偶数条线相交而成（你可以数数看），所以该图可以被一笔画出。关于绘画的顺序，可见图32。

茶具游戏

图33是一张桌子，上面铺着桌布，桌布上的褶皱将桌子分成了6个部分。下面我们就利用这张桌子来玩一个有意思的游戏。

如图34所示，在桌布的褶皱处放上茶具：在其中的三个褶皱处放上茶杯，一个褶皱处放上茶壶，另一个褶皱处放上烧水壶，最后一个空着。

放好之后，我就要给大家出题了：把茶壶和烧水壶调换位置。需要注意的是，这可不是随意地将两件茶具互换，而是要按照一定的规则来移动，最终达到使茶壶和烧水壶调换位置的目的。

现在我就来说说规则：

① 只可以将茶具

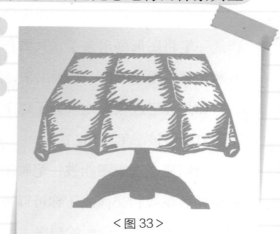

< 图 33 >

放在空着的褶皱处；

　　②不能将一个茶具放在另一个茶具上面；

　　③每个褶皱处只能放一个茶具。

　　在开始这个游戏前，大家不妨先做些准备工作：首先在纸上将三个茶杯、一个茶壶和一个烧水壶画出来，依次摆放在图示的位置上，然后再按照规定移动纸片，最终使茶壶和烧水壶调换位置。

　　需要说明的是，整个过程并非简单的几次调换，因此非常考验人的耐心。为了记录茶具移动的方式，大家记得给这些纸片编上号码。比如，如果将茶壶移到图中的空

<图34>

白处，那么就记作"5"，如果接下来将烧水壶移到空白处，就记作"4"，照此类推。

　　这道题有很多种移法，也就是说，大家可以采用多种方法来让茶壶和烧水壶调换位置——只要能耐着性子慢慢移。其中有些方法需要移动茶具的次数较多，有些方法则需要移动茶具的次数较少。当然，需要移动的茶具次数越少，我们就越能较快地达到目的。

　　友情提示：如果茶具移动的次数少于17次，是不能解答本题的。移动17次茶具的顺序如下：

5→4→3→5→1→2→5→3→4→1→3→5→2→3→1→4→5

　　上述提示给出了移动茶具的方法，即怎样通过一步步的操作最终使得茶壶和烧水壶调换位置。大家可以将自己采用的方法与之比对一下，看看自己的方法是否正确。相信只要有耐心，大家定能找到解决的方法。

绳扣游戏

我想给你们介绍一个很有意思的游戏。不得不说，如果你会玩这个游戏，你一定会让你的小伙伴们大开眼界的。

首先，请你找一根绳子，长30厘米就行，然后按照图35所示将其打成一个活结。注意，这个活结要松一些。之后，按照图36所示，在已经打好的这个活结上再添一个活结。这时候，如果拽紧这根绳子，应该就能得到两个很牢固的双层结了吧！你们是不是这样想的？先不要急着猜，我们还可以继续制作，好让这个绳结更复杂一些。最后，

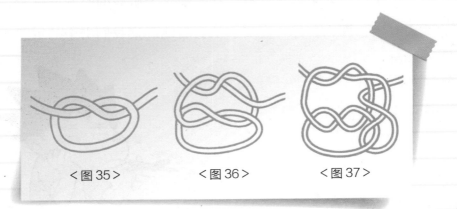

<图35>   <图36>   <图37>

按照图37所示，我们将这条绳子的一头从这两个活结中穿过去。

好了，游戏的准备工作都已经完成了。下面，游戏的关键时刻马上就要到来了。

找两个人，一人执绳子的这头，另一人执绳子的另一头，然后开始拉绳子。当绳子被拉展之后，下面出现的情境绝对会令众人惊呼：捏在两人手中的绳子就是一根纯粹的、光溜溜的绳子，之前打好的那些复杂的绳结全都不翼而飞了……

请记住，必须严格按照图37中所示的样子来打结。因为只有在这种打结的方式下，绳结才会在外力的作用下自行解开。

所以，如果你希望自己在表演这个游戏的时候能够游刃有余，那么，你一定要认认真真地观察我们书中的示意图呀！

她们是如何上当的

从前，有两个农妇，她们每人带了30个鸡蛋到市场上去售卖。不过，这两个农妇卖鸡蛋的方式并不相同：其中一位按照2个鸡蛋5戈比的价格售卖；而另一位，则按照3个鸡蛋5戈比的价格售卖。

很快，她们带来的鸡蛋就全部卖光了。只是，这两个农妇都不会数数，于是她俩拦下一个路人，想让他帮她俩算一下钱数。

接过钱后，路人一本正经地说："你们两个人卖鸡蛋，虽说方式不一样，一个是2个鸡蛋5戈比地卖，一个是3个鸡蛋5戈比地卖。但是，你的2个鸡蛋加上她的3个鸡蛋，就相当于5个鸡蛋卖出了5 + 5 = 10戈比。你俩的鸡蛋加起来一共有60个，包含了12组5个鸡蛋。然后，你们俩一共赚的钱就出来了：12 × 10 = 120戈比——1卢布20戈比。"

于是，这个路人将1卢布20戈比给了这两个农妇，又

将剩下的5戈比装入了自己的口袋。

现在，请你想一想：装入路人口袋中的这5戈比是怎么回事呢？

其实，这个路人的计算方法根本就是错误的。按照他的算法，两个农妇在卖鸡蛋的时候，2个鸡蛋5戈比和3个鸡蛋5戈比，她们的收入是一样的。这样平均下来，每个鸡蛋就变成了2戈比。但实际上呢？

第一个农妇2个鸡蛋、2个鸡蛋地卖，一共卖出了15组；第二个农妇3个鸡蛋、3个鸡蛋地卖，一共卖出了10组。在这两个人卖出去的鸡蛋中，价格高的鸡蛋比价格低的鸡蛋卖出去的次数多，因此，鸡蛋的平均价格肯定要大于2戈比。

现在，我们就来算算这两个农妇的实际收入吧：$\frac{30}{2} \times 5 + \frac{30}{3} \times 5 = 125$戈比 $= 1$卢布25戈比。

猜猜多米诺骨牌

我想和你说一个游戏。只是，这个游戏玩起来的时候可能会有一些隐晦的小花招，因此不见得所有人都能清楚地理解。下面，我们就来演示一下。

你可以让你的小伙伴们在心中选一张多米诺骨牌[1]，并告诉他们，即使你在隔壁的屋子里也能猜出他们选定的那张多米诺骨牌。为了增加可信度，你甚至还可以让你的小伙伴们先把你的眼睛蒙起来。然后，你们就可以按照如下步骤进行游戏了：

首先，让你的一个小伙伴先选出一张多米诺骨牌。接

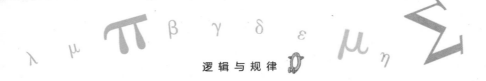

> **1**　这里的多米诺骨牌是俄国一种游戏所使用的长方形骨牌。每张骨牌中间有条线将牌分成左右两部分，每部分各刻有表示数字的圆点（0点用空白表示）。在作者提及的多米诺骨牌中，最大的点数为6。
>
> ——译者注

着，让他隔着墙向待在另一个房间里的你提问，要求你说出他手中是一张怎样的牌。在这个过程中，你既不会看到牌，又不需要向其他小伙伴求助，就可以痛痛快快地说出答案。

你是不是有些迷糊：这个游戏是怎么玩的？

其实，这个游戏的原理并不难：你和你的搭档小伙伴使用了一套"神秘的暗号"，而这个暗号只有你俩心知肚明。当然了，在游戏前，你们就得将这套暗号商量好，最后才能给大家呈现出一个"心有灵犀"的表演。下面就是你和你的搭档小伙伴商量的暗号：

"我"代表"1"；

"你"代表"2"；

"它"代表"3"；

"我们"代表"4"；

"您"代表"5"；

"他们"代表"6"。

那么，这些暗号要如何在游戏中使用呢？我们来举个具体的例子看看。

假如你的搭档先选了一张多米诺骨牌，他就会这样问你："我们已经选好了一张骨牌，猜猜它是什么？"

这时，你的大脑就要转动起来了。你的搭档将你们商量好的暗号藏在了这句话里，你必须尽快对应："我们"代表"4"，"它"代表"3"。那么，这张骨牌上的数字就一目了然了：4|3。如果选的骨牌上的数字是1|5，这该怎么表达呢？你的搭档有可能会这样说："我感觉，这次选的骨牌您有可能猜不出来。"

其他观看表演的小伙伴可能还处在一头雾水的状态中，你却"堂而皇之"地接收到了搭档传给你的暗号："我"代表"1"，"您"代表"5"。

现在，如果你的搭档挑好的骨牌上的数字是4|2，你想想，他会如何将这个信息巧妙地传达给你呢？他可能会说："哈哈，我们这次选中的骨牌，你不见得能猜出来。"

多米诺骨牌还有种牌的一面是空白的特殊形式，这个空白相当于数字"0"。这时，你们可以事先设定一个特殊的词，比如用"朋友"来代表"0"。如果选出来的多米诺骨牌恰好一边是空白，一边是数字（比如就是0|4吧），你的搭档就可以这样说："嘿，朋友，快来猜猜我们这次选的牌！"

答案呼之欲出了，对不对？你可以大声公布了："这次的牌是0|4。"

我刚刚说的这个游戏是不是很有意思呢？其实，关于"猜猜多米诺骨牌"，还有一种玩法，我忍不住想将它介绍给你。不过这一次，我们不需要搞什么小花招了，只要会计算就可以了。

我们再来演示一下吧！你可以先让你的一个小伙伴从一堆多米诺骨牌中任选一张藏起来。注意，告诉他千万别让任何人看见。然后，你让他按照你所说的进行一系列运算，最后你就能猜出你的小伙伴选定的是哪张牌了。

我们来打个比方，你的小伙伴选定的牌是6|3。好了，下面就让你的小伙伴开始计算吧。

首先，请你的小伙伴给骨牌中的一个数字（比如6）乘以2，这时，就会得到6×2＝12。接着，再让他给这个乘积加上7，得到12＋7＝19。然后，再让他给上述的和乘以5，得到19×5＝95。

暂时停一下，下面，轮到骨牌上的另一个数字（也就是3）登场了。你可以让你的小伙伴做最后一项运算：给上述的运算结果加上骨牌上的这个数，也就是95＋3。

好了，计算完成，你的小伙伴也得到了最终的结果：98。他只需要将98这个数告诉你就行了。

接下来，就是你的工作了。你用最后的结果98和35求差，得到98 − 35 = 63。你发现没有？把你得到的这个结果拆开，正好就是你的小伙伴藏起来的那张骨牌：6|3。

现在，你是不是有问题要问了——为什么要进行这样的运算呢？为什么运算的结果要减去35，减去其他数不行吗？好吧，又到了我们的揭秘时刻：

我们首先给第一个数字乘以2，之后又乘以5，换言之，就是给第一个数字乘以10（2 × 5 = 10）。之后，我们给第一个数字的2倍加上7后又乘以5，也就是给一个数字的10倍加上了7 × 5 = 35。这样一来，你的小伙伴计算出的最终的值减去35后，是不是就得到了第一个数字的10倍？那最后加上的那个数自然也就是骨牌上的另一个数了。这会儿，你是不是搞明白这个猜多米诺骨牌的原理了？

好了，多米诺骨牌的玩法你都已经熟悉了，快去找小伙伴们试试吧！

骨牌数列

　　来，请你看看图38的多米诺骨牌。它是由六块骨牌
组成的，而且还有一定的排列规律：每张骨牌的点数（即
左右两部分相加的点数）都比前面的一张大1。你来数数
看：第一张骨牌上的点数总计是4，后面的依次是5，6，
7，8，9。于是，一个数列诞生了：4，5，6，7，8，9。

　　在这里，我想让大家知道：一般情况下，一系列数，
从第二项起，之后的每一项与前一项的差都等于相同的数
值，那么，这个数列就叫作"等差数列"。就像我们刚刚

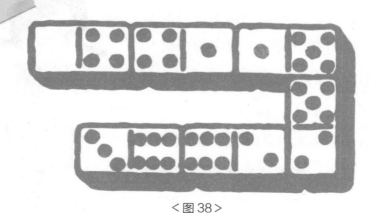

<图38>

说的由骨牌组成的那个数列中，每一项都比前一项大1。当然了，在等差数列中，这个差值可以是任何数。

现在，我想给你布置一个任务：请你用6张多米诺骨牌再组成几个其他的等差数列。

了解了规律后，组成等差数列并不难。我们先来举两个差值为2的数列看看。第一个数列：0—0；0—2；0—4；0—6；4—4；5—5；第二个数列：0—1；0—3；0—5；1—6；3—6；5—6。（当然，牌并非完全固定的。比如第一个数列中的4—4也可以是3—5，5—5也可以是4—6；第二个数列中的0—3也可以是1—2，1—6也可以是3—4等。）

利用6张骨牌，我们可以组成的等差数列有哪些呢？

我们先来看看差值为1的等差数列，分别是：① 0，1，2，3，4，5；② 1，2，3，4，5，6；③ 2，3，4，5，6，7；④ 3，4，5，6，7，8；⑤ 4，5，6，7，8，9；⑥ 5，6，7，8，9，10；⑦ 6，7，8，9，10，11；⑧ 7，8，9，10，11，12。我们再来看看差值为2的等差数列，分别是：① 0，2，4，6，8，10；② 1，3，5，7，9，11；③ 2，4，6，8，10，12。看吧，一共就只有这几种情况。如果你感兴趣的话，可以试着用骨牌排一排，看看你能搭配出多少种呀！

猜不中，真难

在日常生活中，如果直接让你猜你的小伙伴手中拿着的硬币的币值，你并不会很轻易地猜出来，对不对？因为这样的猜测真的太难了——很早以前，我一直是这么认为的。但是后来，我又发现，有时候，猜不中比猜中还要难一些。

下面，我就来给大家讲一件我的亲身经历吧！那次，我很"荣幸"地成了一名猜测者。在整个过程中，我很希望自己能够猜错，但令我懊恼的是，不管怎么努力，我总是能准确地猜中答案。

一天，哥哥拉着我玩游戏。他说："我这里有一枚硬币，你来猜猜看它是多少戈比的！"

"这我上哪儿猜去？我不想猜，也不会猜！"我说。

"猜猜吧！"哥哥说，"没什么会不会的，这很简单，唯一的技巧就是：你脑子里想到什么就说什么。"

"真这么简单吗？"我说，"我觉得我猜不中的。"

"相信我，你绝对能猜中！"哥哥肯定地说，"来，游戏现在开始！"

紧接着，哥哥快速地拿了枚硬币装在一个火柴盒里，并把火柴盒塞进我衣服的口袋里。

"这个火柴盒现在就交给你来保管啦！"哥哥说，"放好了啊，到时候可别说我作弊偷换了硬币。现在，仔细听我说：你应该知道，我们的硬币有铜币和银币这两种材质，你来猜猜看，现在你口袋里的是哪一种呢？"

"啊？"我一脸问号，"我怎么知道你到底在火柴盒里放了什么样的硬币啊？"

"别紧张，"哥哥一脸轻松地说，"你觉得是什么就说什么。"

"好吧，那我就……嗯……我猜是银币。"

"众所周知，硬币的币值有4种：50戈比、20戈比、15戈比和10戈比。现在，请你选出两种。"

"这怎么选啊？"

"和刚才一样，想到什么就说什么。"哥哥鼓励我道。

"那我猜，是20戈比和10戈比。"

"好的，再想想，除了这两种，还有哪些硬币是我们没有选的呢？"哥哥低声说，"还有50戈比和15戈比。现在，你从这两个里面选一个吧！"

我脱口而出："15戈比的那个！"

"掏出火柴盒吧！"哥哥说，"打开看看。"

我从口袋里掏出火柴盒，打开一看后惊讶极了：里面放着的硬币居然就是我刚刚说的15戈比银币。

"这是怎么回事？"我缠着哥哥问道，"整个过程我都没有思考，全是瞎蒙的，我怎么还能猜中呢？"

"我说过了，这个游戏很简单，你绝对能猜中。这个'猜不中'的游戏可比'猜中'的游戏难多了。"

我不信这个邪，非要拉着哥哥继续玩，发誓一定要"猜不中"。结果，我们又连着玩了三次这个游戏，我竟然都幸运地猜中了哥哥藏起来的硬币。猜不中，竟然真的这么难，这令我百思不得其解，直到哥哥告诉我真相……

这个游戏的奥秘其实非常简单，聪明的小伙伴是不是已经猜出端倪了？如果你还有疑惑，那就听我来说说吧。

整个猜硬币的过程其实就是哥哥玩的一个小花招。一开始，哥哥让我从铜币和银币中选一个的时候，我是碰巧选中了银币。后来我才知道，即使我当时选的是铜币，哥哥也不担心，因为他还会引导我："好，你选了铜币，那我们现在还剩下什么没有选？是银币，对不对？"之后，他就会列出银币的全部币值供我选。说白了，他通过一系列的引导，只会让我在那4种币值里选择，但不会让我直接选出15戈比的那枚硬币。最后，他会慢悠悠地说："好的，再想想，除了这两种，还有哪些硬币是我们没有选的呢？还有50戈比和15戈比。现在，你从这两个里面选一个吧！"

总之，在整个猜硬币的过程中，无论我猜得对不对，哥哥都会随机应变，以各种巧妙的"语言陷阱"将我引到正确的答案上。而我，因为没有思考，就只好顺着他的话掉入他的"陷阱"中了。

超常记忆的背后

你应该有看过魔术师的表演吧？面对魔术师那超乎寻常的记忆力，你是不是也曾瞠目结舌：魔术师是怎么记住那一长串的单词或数字的？

其实，这背后也是有一定的技巧的，如果你了解了这一点，你也可以表演一个这样的魔术，保证能令你的小伙伴们叹为观止。下面，我们就来说说这个游戏吧！

首先，你要准备好50张卡片，然后按照文末表格所示，在卡片上分别写上字母和数字。这时，你手里的卡片就是这样：左上角有拉丁字母和数字编号，接着就是一长串数字。再然后，你可以将这些卡片分发给你的小伙伴们，并告诉他们："我已经记下了你们手中任何一张卡片上的数字。你们只要告诉我卡片上的编号，我就能说出这张卡片上的数字。"也就是说，如果有人报出"E.4."这个编号，你就能立马说出"10128224"。

显而易见，这些卡片上的数字都很长，而且一共有50

张卡片，所以你的魔术表演一出现，小伙伴们肯定会惊叹你超常的记忆力。

　　但实际上，想完成这个表演并不难——你根本不需要记忆这50个一长串的数字。那么，这个魔术的背后有什么秘密呢？

　　秘密就是：你的小伙伴告诉你卡片上的编号字母和数字时，其实就暗示出这张卡片上的那一长串数字了。

　　当然，知道这个的前提是你得先了解这些信息。我们要记住，这些字母分别代表了一个数：字母"A"代表"20"，字母"B"代表"30"，字母"C"代表"40"，字母"D"代表"50"，字母"E"代表"60"。这样一来，我们用字母所代表的数和它身边的数字又能代表一个数。如"A.0."代表"20"，"A.1."代表"21"，"C.3."代表"43"，"E.5."代表"65"。

　　之后，只要通过一定的计算规律，你就能利用已知条件推算出卡片上的那一长串数字了。那么，问题来了：到底该怎么计算呢？

我们来举个具体的例子看看吧！

假设有人告诉你"E.4."这个编号，根据我刚刚说的对应问题，你应该能确定这个编号代表的是64。接下来，就请你用64这个两位数完成以下这一系列的计算吧。

第1步，求出这个两位数十位上的数和个位上的数之和：$6 + 4 = 10$；

第2步，给这个两位数乘以2：$64 \times 2 = 128$；

第3步，给这个两位数来做个减法，用大数减去小数：$6 - 4 = 2$；

第4步，将这个两位数十位和个位上的数字相乘：$6 \times 4 = 24$。

完成这4步后，将每次的运算结果依次写下，得到的是什么呢？10128224。看，这个数是不是和编号为"E.4."那张卡片上的数一模一样呢？

现在，我们可以总结一下规律了：在得知卡片上的编号后，只需要进行加、乘以2、减、乘（"+""×2""−""×"）这4步运算即可。

为了加深大家的印象，我们不妨再来看几个例子。

如果有人报出"D.3."的编号，那么他卡片上的那一

长串数字是什么呢?

D.3. = 53

5 + 3 = 8

53 × 2 = 106

5 − 3 = 2

5 × 3 = 15

最后,将4步运算的结果依次写出来,就得到了8106215。这正好是编号为"D.3."卡片上的数字。

如果又有人报出"B.8."这个编号,我们来算算他卡片上的那一长串数字是什么吧!

B.8. = 38

3 + 8 = 11

38 × 2 = 76

8 − 3 = 5

8 × 3 = 24

我们依次写下结果:1176524。"B.8."这个编号的卡片数字就出来了。

只要掌握了这个方法,你就不用辛辛苦苦地去记忆那些枯燥的数字了。而且,在表演这个魔术的过程中,你既

65

可以在心里默算，想出每一步的结果，也可以直接在黑板上写出每一步的结果，最后组成那串珠似的数字。这样也算降低了你的难度。而对你的小伙伴来说，如果没有掌握技巧，他们一时半会儿根本看不出你所采用的方法。

A.0. 24020	B.0. 36030	C.0. 48040	D.0. 510050	E.0. 612060
A.1. 34212	B.1. 46223	C.1. 58234	D.1. 610245	E.1. 712256
A.2. 44404	B.2. 56416	C.2. 68428	D.2. 7104310	E.2. 8124412
A.3. 54616	B.3. 66609	C.3. 786112	D.3. 8106215	E.3. 9126318
A.4. 64828	B.4. 768112	C.4. 888016	D.4. 9108120	E.4. 10128224
A.5. 750310	B.5. 870215	C.5. 990120	D.5. 10110025	E.5. 11130130
A.6. 852412	B.6. 972318	C.6. 1092224	D.6. 11112130	E.6. 12132036
A.7. 954514	B.7. 1074421	C.7. 1194328	D.7. 12114235	E.7. 13134142
A.8. 1056616	B.8. 1176524	C.8. 1296432	D.8. 13116340	E.8. 14136248
A.9. 1158718	B.9. 1278627	C.9. 1398536	D.9. 14118445	E.9. 15138354

数字金字塔

你可能不知道，数字王国里面有不少神奇的数字，它们可以组成不同寻常的数字奇观。下面，我们就来看三座由数字组成的金字塔奇观吧！

首先，我们看到的是第一座数字金字塔。

$$1 \times 9 + 2 = 11$$

$$12 \times 9 + 3 = 111$$

$$123 \times 9 + 4 = 1111$$

$$1234 \times 9 + 5 = 11111$$

$$12345 \times 9 + 6 = 111111$$

$$123456 \times 9 + 7 = 1111111$$

$$1234567 \times 9 + 8 = 11111111$$

$$12345678 \times 9 + 9 = 111111111$$

你可能已经发现了，我列出的这些算式的计算结果很有意思。你想搞明白其中的规律吗？

我们不妨从这个金字塔中随便选一个算式为例来看看——就选 $123456 \times 9 + 7$ 吧。$123456 \times 9 = 123456 \times (10 - 1)$，也就相当于在被乘数后添加一个0，再减去被乘数。我们列个式子出来你就明白了：

$$123456 \times 9 + 7 = 1234560 + 7 - 123456 = \left\{ - \begin{array}{r} 1234567 \\ 123456 \\ \hline 1111111 \end{array} \right.$$

看一下等号后面的减法算式，你是不是就明白为什么最后的结果都是由1组成的了？

弄明白第一座数字金字塔后，我们再来看看第二座数字金字塔。

$$1 \times 8 + 1 = 9$$
$$12 \times 8 + 2 = 98$$
$$123 \times 8 + 3 = 987$$
$$1234 \times 8 + 4 = 9876$$
$$12345 \times 8 + 5 = 98765$$
$$123456 \times 8 + 6 = 987654$$
$$1234567 \times 8 + 7 = 9876543$$
$$12345678 \times 8 + 8 = 98765432$$
$$123456789 \times 8 + 9 = 987654321$$

　　这座金字塔也很特殊，它是由特定的数字乘以8，再加上从1到9递增的数字而构成的。看到最后一行了吗？答案由开始的自然数列123456789变成了由大到小排序的987654321，是不是很有意思？想不想知道其中的奥秘呢？

　　其实，不用多说什么，我们还是从金字塔中随便选一个算式——以12345×8＋5为例，你来看看：

$$12345 \times 8 + 5 = （12345 \times 9 + 6）-（12345 \times 1 + 1）$$
$$= 111111 - 12346 = 98765$$

这个算式表达得很清楚，这下你明白了吧？

　　接下来，我们来看看最后一个数字金字塔。

$$9 \times 9 + 7 = 88$$
$$98 \times 9 + 6 = 888$$
$$987 \times 9 + 5 = 8888$$
$$9876 \times 9 + 4 = 88888$$
$$98765 \times 9 + 3 = 888888$$
$$987654 \times 9 + 2 = 8888888$$
$$9876543 \times 9 + 1 = 88888888$$
$$98765432 \times 9 + 0 = 888888888$$

　　这个金字塔和前两个金字塔其实是有一定的关联的。我们可以来看一下。

　　根据第一个金字塔，我们得到：$12345 \times 9 + 6 = 111111$。给相加的两部分都乘以8，我们就得到这样一个式子：$12345 \times 8 \times 9 + 6 \times 8 = 888888$。

　　根据第二个金字塔，我们得到：$12345 \times 8 + 5 = 98765$。那么，$12345 \times 8 = 98760$。

　　综上所述，我们可以列式如下：

$$888888 = 12345 \times 8 \times 9 + 6 \times 8 = 98760 \times 9 + 48$$
$$= 98760 \times 9 + 5 \times 9 + 3 = （98760 + 5）\times 9 + 3$$
$$= 98765 \times 9 + 3$$

　　曾经有份报纸上印着这些金字塔，旁边还有说明："至今无人能解释这惊人的规律……"其实，哪有那么复杂，这些乍看上去很惊人的金字塔只不过是数字特性的排列。现在你懂了吧？

别涅吉科夫问题

或许，有不少俄国文学爱好者并没有注意到，第一本俄语数学难题集其实是由诗人别涅吉科夫写的。这本难题集一直没有出版，后来是人们在1924年发现了他的手稿。

我有幸看过这本手稿，接下来的这道题就出自其中。题目是以小说的形式写的，名为"怪题巧解"。

一位老婆婆共有90个鸡蛋，她想全部卖掉，便让自己的3个女儿去市场。她给了大女儿10个鸡蛋，给了二女儿30个鸡蛋，给了三女儿50个鸡蛋，然后对她们说："你们需要先商量好卖的价格，我希望你们能同时以一样的价格出售。在此前提下，我希望大女儿能凭借自己的聪明才智，用10个鸡蛋卖出与二女儿30个鸡蛋一样的钱；并且教会二女儿，让她用30个鸡蛋卖出与三女儿50个鸡蛋一样的钱。也就是说，你们3个人最后需要拿到一样多的钱。而且，我还要求90个鸡蛋卖出的总金额不少于90分钱。"

我们的故事暂时就到这里。读者们可以先自己思考一下，在老婆婆提出的许多要求下，她的女儿们该怎样卖这些鸡蛋。

接下来，我再把别涅吉科托夫写的这个故事的后半段讲给你听。

老婆婆提出的这个问题非常棘手。在去市场的路上，女儿们不停地商量着解决的办法。最后，二女儿和三女儿都决定听大女儿的安排。

大女儿认真想了一会儿，说："以前我们卖鸡蛋，总是以10个为一组进行售卖。今天我们换一种方式——以7个为一组进行售卖。每组都按同一个价格卖，就像妈妈希望的那样。我们3个人必须遵守这个约定，绝对不能擅自降低约定好的价格！我觉得，最开始可以7个鸡蛋卖3分钱，你们同意吗？"

"这也太便宜了吧！"二女儿惊讶地说。

"别担心，"大女儿忙说，"等我们7个为一组全部卖完之后，再把剩下的鸡蛋的价格涨上去。市场上除了我们没人卖鸡蛋，所以应该不会有人讲价。你们也知道，当剩下的鸡蛋很少却还有人急需时，它们就成了宝，价格自然就要涨上去。我们就用剩下的鸡蛋来弥补之前的亏损，并填补我们之间的差额吧！"

"那剩下的鸡蛋该怎么卖？"三女儿问。

"每个鸡蛋9分钱，就这个价，绝不讲价。只有非常想买的人我们才卖给他。"

"那也太贵了！"二女儿再次惊讶地说。

"怎么会？"大女儿说，"之前的那些鸡蛋我们卖得那么便宜，剩下的这些总要卖得贵一些。"

"好吧！"二女儿和三女儿都同意了姐姐的主意。

来到市场后，3个女儿分别找了位置坐下，然后开始卖鸡蛋。一开始，3个人卖的价格都很便宜，人们一哄而上。很快，三女儿的50个鸡蛋被抢得差不多了，她7个一组地卖了7次，得到了21分钱，最后剩下1个鸡蛋。二女儿有30个鸡蛋，她7个一组卖了4次，得到了12分钱，最后剩下2个鸡蛋。大女儿只卖了7个鸡蛋，得到了3分钱，剩下3个鸡蛋。

　　这时，一位厨娘急匆匆地来到了市场。今天，她主人家的儿子们回来探亲，因为他们都很喜欢吃鸡蛋，所以主人让厨娘到市场上至少买10个鸡蛋。

　　这位厨娘在市场上转了转，发现鸡蛋都卖得差不多了，一共就剩3个卖鸡蛋的，她们手里总共只剩下6个鸡蛋。

　　于是，厨娘先去了还剩3个鸡蛋的大女儿那里，问：“这3个鸡蛋多少钱？”

　　“每个鸡蛋要9分钱。”大女儿回答。

　　“你在开玩笑吗？怎么能这么贵？”厨娘不可思议地说。

　　“就剩这么多了，便宜了不卖。”大女儿说，“您随便吧！”

　　厨娘只好又去了二女儿那里——她有2个鸡蛋。

　　“鸡蛋怎么卖？”

　　“每个鸡蛋要9分钱。”二女儿说，“就剩这2个了，不讲价。”

厨娘不死心，又跑到三女儿那里询问，结果得到的回答都是一样的——每个鸡蛋要9分钱。

厨娘长叹一声。市场上就这3个人卖鸡蛋，她一点儿办法都没有。"就这样吧！你们把剩下的鸡蛋都给我吧！"说着，厨娘便以高价买下了这三个女儿剩余的6个鸡蛋。

现在，我们来看看三个女儿的收益吧！大女儿的3个鸡蛋卖了27分钱，加上之前卖鸡蛋的3分钱，总共卖了30分钱。二女儿的2个鸡蛋卖了18分钱，加上之前卖的12分钱，总共卖了30分钱。小女儿的1个鸡蛋卖了9分钱，加上之前卖的21分钱，总共也卖了30分钱。

三个女儿一起回到家，每人都给了妈妈30分钱，并讲述了整个经过。老婆婆对女儿们的表现很满意，最满意的是，她们总共卖了90分钱，这非常符合她的要求。

别涅吉科托夫的这道题看似荒诞不经又脱离日常，但其实还是能够解出来的。这也提醒了我们，算术不仅需要纯算术的理论规则，有时候还需要灵活的大脑。

不可以拆开信封

你的面前有300张1卢布的钞票和9个信封。现在，一位魔术师告诉你："请你将这300张钞票分别装到这9个信封里。最后，要用这些信封来支付300卢布以内的任意钱数，但是不可以拆开任何一个信封。"

猛然一看魔术师的要求，你会觉得这个题目根本无解，对不对？你甚至会觉得这个题目有可能就是魔术师玩的文字游戏，题目定然另有深意。

见你一副手足无措的样子，魔术师有可能就不为难你了，他亲自上手，将这些钱分别装到9个信封里（图39）。封好信封口后，魔术师说："现在请你随便说一个300卢布以内的钱数。"

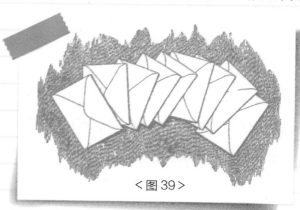

<图 39>

"269。"你脱口而出。这时，4个封好的信封眨眼就被魔术师递到了你跟前。你拆开信封，看到了如下金额：

第一个信封——64卢布

第二个信封——45卢布

第三个信封——128卢布

第四个信封——32卢布

总计——269卢布

看到这些，你或许会产生怀疑：魔术师不会是快速偷换了信封吧？于是，你便要求魔术师再来一次。魔术师也不会反对，只是把钱重新装入信封，再次封好口后就让你自己保管。这时，你又开始说新的数字金额了：或是100卢布，或是7卢布，或是293卢布。然而，无论你说哪个数，魔术师都能准确地告诉你，应该用哪几个信封来组成你口中的金额：100卢布用3个信封，7卢布用3个信封，293卢布用6个信封。

你是不是很想知道这里面的玄机呢？别急，我这就来告诉你：将300张1卢布的钞票分作9份：1卢布、2卢布、4卢布、8卢布、16卢布、32卢布、64卢布、128卢布，还有余下的300 − （1 + 2 + 4 + 8 + 16 + 32 + 64 + 128）= 300 −

255 = 45卢布。

　　如果要组成1到255以内的任何数目，用前面的8个信封就够了。如果不信，你可以用各种数进行验证。但如果指定的数目超过了255，那么，最后那个45卢布的信封必然就要登场了，因为它刚好弥补了300与255之间的差额。至于剩余的数，只要用前面的那8个信封就可以完成了。

　　这样的分组方式是非常合理的，也完全经得起你来验证。在这里，有个有意思的事我们要提一下——1，2，4，8，16，32，64这类数缘何会有如此神奇的特性？这是因为这些数都是以2为底，以自然数为指数的幂 —— 2^0，2^1，2^2，2^3，2^4，2^5，2^6…可以说，一切数都可以用以2为底数的幂（如1，2，4，8，16等）这样的组合表示出来。了解了这一点，你就可以和小伙伴玩这个游戏啦！

> **1**　　幂也就是乘方，可以简单理解为 n 个相同因数的乘积，比如1个2相乘就是 2^1，2个2相乘就是 2^2，3个2相乘就是 2^3……我们可以将其记作 a^n。其中 a 称为"幂的底数"，n 称为"幂的指数"。这一概念大家以后会学到，这里只需要简单了解一下就可以了。
> ——译者注

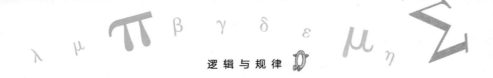

"15"的游戏

我们来玩个和"15"有关的游戏吧！这个游戏是需要两个人轮流玩的。

首先，第一个人要在图40的这个大方格里的一个小格子中随意填一个数字，范围是1~9。

在第一个人写完后，第二个人也要随意挑选一个格子写数字。但

<图40>

是，他在写的时候还要注意一个问题：不能让对方在下一次填数字的时候，出现某行、某列或某对角线的三个数字之和等于15的情况。

如果谁让图40这个方格里的某行、某列或某对角线的三个数字之和等于15，或谁填上了最后一个格子，谁就是这个游戏的赢家。

现在，如果玩游戏的人是你，你有没有一个稳操胜券的方法呢？

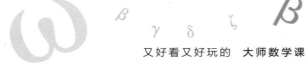
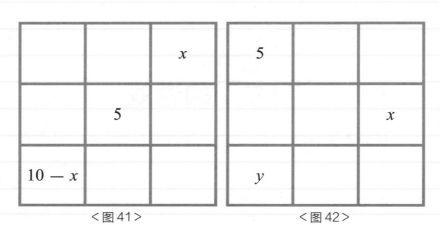

〈图41〉　　　　　　〈图42〉

其实，这种方法自然是有的。如果你想赢，那就得从数字5开始填。只是，应该将5填到哪一个格子中合适呢？我现在简单介绍三种方法给你。

第一种，如图41所示，将数字5填写在最中间的小格子里。这样的话，无论对方选择在剩余的哪一个格子里填数字，你都可以在这一行、列、对角线上余下的那个格子里继续填写。

假如对方在某一个格子里填写了x，那你要填写的就是$15 - 5 - x = 10 - x$。$10 - x$的结果一定不会超过9。

第二种，如图42所示，将数字5填写在某个角上的小格

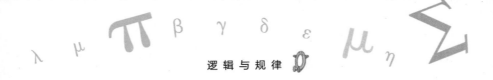
子里。那么，你的对手有可能选择在x或y的格子中填写数字。假如他选择在x的格子中填写数字，那你就要在y的格子中填写，使得$y = 10 - x$；假如他选择在y的格子中填写数字，那你就要在x的格子中填写，使得$x = 10 - y$。只有这样，你才能屹立于不败之地。

　　第三种，如图43所示，将数字5填写在最靠边一列中间的小格子里。那么，你的对手有可能选择在x，y，z或t的任意一个格子中填写数字。

　　假如你的对手选择在x的格子中填写数字，你就要在y的格子中填写，使得$y = 10 - x$；假如他选择在y的格子中填写数字，你就要在x的格子中填写，使得$x = 10 - y$；假如他选择在z的格子中填写数字，你就要在t的格子中填写，使得$t = 10 - z$；假如他选择在t的格子中填写数字，你就要在z的格子中填写，使得$z = 10 - t$。

　　如果你按照我说的去做，你就能成为这个游戏的常胜将军啦！

	x	z
5		
	y	t

<图43>

幻方

构造幻方，又名魔方，是一种古老的数学游戏，时至今日依然非常流行。这个游戏的要求是：把从1开始的一连串的数填入一个正方形内，使正方形中任意行、任意列和两条对角线上的数的和均相等。

最小的幻方是3阶幻方，由9个小方格组成。你只要稍加思考就会明白，绝不可能用4个小方格组成幻方。图44就是一个由9个小方格组成的幻方。

4	3	8
9	5	1
2	7	6

<图44>

在这个幻方中，每一行——4 + 3 + 8，9 + 5 + 1，2 + 7 + 6都等于15；每一列——4 + 9 + 2，3 + 5 + 7，8 + 1 + 6都等于15；两条对角线——4 + 5 + 6，8 + 5 + 2都等于15。

事实上，在构造这个幻方之前，我们就能预见到，正方形上、中、下三行的小方格内应该包含了1~9这9个数，它们的总和为1 + 2 + 3 + 4 + 5 + 6 + 7 + 8 + 9 = 45。因为上、中、下三行的和相等，所以9个数的总和是每一行的和的3倍，算出每一行的和为45÷3＝15。于是，我们可以根据这一特点构造出一个3阶幻方。

构造出一个幻方后，我们可以通过它得到一系列新的幻方。比如，我们构造了一个如图45的幻方，将这个幻方按逆时针方向旋转90°之后可以得到图46中的幻方。

6	1	8
7	5	3
2	9	4

＜图45＞

8	3	4
1	5	9
6	7	2

＜图46＞

当然，你也可以将它旋转180°或270°。这样，我们就又得到了两个新幻方。

每一个新的幻方，还可以继续变化。如图45的幻方在镜像后会变成一个新幻方（图47）。

通过这些转动或镜像的方法，你就可以得到3阶幻方的所有构造方

8	1	6
3	5	7
4	9	2

＜图47＞

又好看又好玩的 大师数学课

式。如图48所示的，就是1~9这9个数能够组成的全部幻方。

6	1	8
7	5	3
2	9	4

1

8	1	6
3	5	7
4	9	2

2

2	7	6
9	5	1
4	3	8

3

6	7	2
1	5	9
8	3	4

4

4	9	2
3	5	7
8	1	6

5

2	9	4
7	5	3
6	1	8

6

8	3	4
1	5	9
6	7	2

7

4	3	8
9	5	1
2	7	6

8

<图48>

　　那么，如何构造更高阶的幻方呢？首先，我将介绍一种构造任意奇数阶——3阶（3×3）、5阶（5×5）、7阶（7×7）等幻方的通用方法，它是在17世纪时由法国数学家巴歇发现的，俗称巴歇方法，又称阶梯法。下面，我

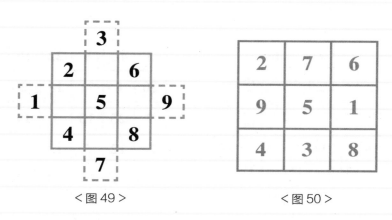

<图49>   <图50>

们以最简单的3阶幻方来做说明。

如图49所示，画一个3×3的正方形，斜着分3行依次写下1～9这9个数。然后，把正方形外面的数填入它对面的方格中，也就是离它最远的方格，但要保证该数仍在原来的行或列。这时，一个3阶幻方就构造出来了，如图50所示。

如果用同样的方法构造一个5阶幻方，那我们要先画一个5×5的正方形，然后按图51的布局填好1～25的数。最后将正方形外面的数移到各自对面相距最远的方格里去，便得到了一个5阶幻方，结果如图52所示。

这种方法的原理十分复杂，有兴趣的读者可以在实践中加以证明。而且，在构造了一个这样的幻方后，我们还

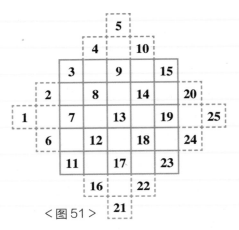

<图51>

3	16	9	22	15
20	8	21	14	2
7	25	13	1	19
24	12	5	18	6
11	4	17	10	23

<图52>

可以通过转动和镜像的方法来得到新的幻方。

此外，巴歇方法并不是构造奇数阶幻方的唯一方法，还有一种古老的简便方法——相传是公元前由印度人发明的，它可以归纳为6个步骤。请仔细阅读以下这6个步骤，然后用它构造出一个由49个方格构成的7阶幻方，结果如图53所示。

①在最上面一行的中间填入1，在最下面一行中间偏右的位置填入2。

②然后沿对角线方向从左下往右上依次填写3，4。

③当写到最右边时，下

30	39	48	1	10	19	28
38	47	7	9	18	27	29
46	6	8	17	26	35	37
5	14	16	25	34	36	45
13	15	24	33	42	44	4
21	23	32	41	43	3	12
22	31	40	49	2	11	20

<图53>

一个数从此行的上一行的最左边开始写，继续沿对角线方向依次填入5，6，7。

④如果对角线上下一个位置已经填好数了，那就从当前位置的下面一格开始写，沿对角线依次填入8，9，10。

⑤当写到最上面时，下一个数从此列的右边一列的最下边开始写，继续沿对角线填入11，12。然后再参照前面的规律继续往下写。（如果正好写到右上方的顶点处，那么下一个数写在左下角顶点处。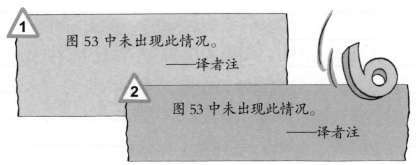）

⑥当写到最后一行，且对角线右上方的方格内已填好数时，就从这一列的最上面一格继续写。

按照上述方法，你可以很快构造出一个奇数阶幻方。

如果方格的总数量不能被3整除，比如7阶幻方共有49个方格，那么在构造幻方时，第一步可以不将1写在最上面一行的正中间，而是写在最左边一列中间与最上面一行

1 图53中未出现此情况。
——译者注

2 图53中未出现此情况。
——译者注

32	41	43	3	12	21	23
40	49	2	11	20	22	31
48	1	10	19	28	30	39
7	9	18	27	29	38	47
8	17	26	35	37	46	6
16	25	34	36	45	5	14
24	33	42	44	4	13	15

<图54>　　　　　　　　　<图55>

中间所形成的对角线上任意一格。其他数仍按规则②~⑤填写。如此一来就可以构造出不同的幻方，图54就是另一种结果。

　　然而，人们至今没有发现构造任意偶数阶幻方的简易方法。只有方格数是16的倍数的幻方，比如4阶（4×4）、8阶（8×8）、12阶（12×12）等，才有通用的构造方法。

　　首先，我们要明确一个问题：哪些方格可以称得上是"关于中心点对称"？在图55这个6×6的幻方中，我们称用"×"表示的两个方格关于中心点对称，用"○"表示的两个方格也关于中心点对称。

　　很明显，如果一个方格是上数第二行左起第四个，

那么和它关于中心点对称的就是下数第二行右起第四个方格。你不妨再多找出几对这样对称的方格，你最后就会发现：对角线上的方格都是关于中心点对称的。

下面，我们以8阶幻方为例来进行一下说明。为了构造8阶幻方，我们先画一个8×8的正方形，并在其中依次填入1~64的数，如图56所示。

1	2	3	4	5	6	7	8
9	10	11	12	13	14	15	16
17	18	19	20	21	22	23	24
25	26	27	28	29	30	31	32
33	34	35	36	37	38	39	40
41	42	43	44	45	46	47	48
49	50	51	52	53	54	55	56
57	58	59	60	61	62	63	64

<图56>

在这个正方形中，这64个数的总和为2080，因此幻方的每行、每列、每条对角线的和应为2080÷8＝260。而在图56中，两条对角线上的数的和正好是260。但最上面一行的和为36，比260少224；最下面一行的和为484，比260多224。通过观察可知，最下面一行的每个数都比最上面一行对应列的数大56，而56×4＝224。于是，我们可以推出，如果将最上面一行的4个数和最下面一行对应列的数互换位置，那么这两行的和就都能满足要求。同理，第二行和第七行，

第三行和第六行，第四行和第五行也都可以这样互换。换完之后，各行的和自然就相等了。

然而，仅保证行的和相等还不行，正确的填数方法，还得保证各行各列的相等。原本，我们可以按照刚刚调换位置的方法为各列调，但因为行与行已经更换过了，情况就不一样了。那该怎么办呢？现在，让我们换一种方法，重新开始吧！

这会儿，不要考虑位置调换，我们要考虑的是将关于中心点对称的数互换。关于中心点对称的这个问题我们前面已经说过了，这里刚好就用上了。不过，这样还是不能将所有对应格子中的数调换，只能换一半。那到底要怎么

1×	2	3	4×
9×	10×	11	12
17	18×	19×	20
25	26	27×	28×

5×	6	7	8×
13	14	15×	16×
21	22×	23×	24
29×	30×	31	32

33	34	35	36
41	42	43	44
49	50	51	52
57	58	59	60

37	38	39	40
45	46	47	48
53	54	55	56
61	62	63	64

＜图57＞

换呢？在这里，我想给你讲四条规则。

第一条，将正方形分成4个小正方形，如图57所示。

第二条，在左上角的小正方形中，用记号标出一半方格，要求每一行、每一列都正好有一半方格被标记。这很容易做到，并且方法还不少，图57只列出了其中一种方式。

第三条，在右上角的小正方形中，标出与左边方格成轴对称△的数。

第四条，将所有标记的数与它关于中心点对称的数互换位置。

如图58所示，一个8阶幻方就完成了。

当然，我们还可以用其他方法标记左上角的小正方形，前提是遵守第二条中的规则。这些不同的方法我简单列举了一下，如图59。

毫无疑问，你也可以找到不少方法来标记左上角内的小正方形。之后，按照第三条和第四条规则，你必然会得到

1　　在一个平面内，一个图形沿着一条直线对折后，如果直线两边的部分可以完全重合，那么这个图形就是轴对称图形，折痕所在的直线视为对称轴。

——译者注

64	2	3	61	60	6	7	57
56	55	11	12	13	14	50	49
17	47	46	20	21	43	42	24
25	26	38	37	36	35	31	32
33	34	30	29	28	27	39	40
41	23	22	44	45	19	18	48
16	15	51	52	53	54	10	9
8	58	59	5	4	62	63	1

＜图58＞

几个新的幻方。

我相信，你已经明白了这种方法。据此，你还可以快速地完成12阶、16阶幻方。请你开动脑筋，快去试一试吧！

1

2

3

4

＜图59＞